JN065733

ねこほぐし

猫を整える マッサージ&ストレッチ

獣医師・アニマルケアサロンFLORA院長

中桐由貴

産業編集センター

Contents

はじめに

　本書『ねこほぐし　猫を整えるマッサージ＆ストレッチ』では、猫の飼い主さま達が愛猫達と健康で楽しく過ごすための、マッサージ＆ストレッチを記しています。

　普段、私は東洋医学や代替医療メインの自身のサロン（動物病院）や他の動物病院で、犬猫にマッサージや鍼治療をおこなっています。

　犬猫達の施術前後での身体の動き方の違いや皮膚や筋肉の感触、抱っこした感触の変化には、飼い主さまもですが、施術している私もよく驚かされます。

　この本に載っているほとんどのマッサージとストレッチは、愛犬にもおこなえますが、説明等は猫のことを考えて書いた、猫のためのマッサージ法です。

　最近はリードをつけてお散歩する猫が増えてきてはいるものの、まだまだ移動することがストレスになってしまう子が多い印象です。

　お家でできる病気の予防や、治療や回復の手助けとして、マッサージ＆ストレッチはとても良い手法ですし、スキンシップを兼ねた愛猫との癒やしの時間としてお使いいただけたら幸いです。

　どうぞ心ゆくまで可愛い愛猫達に癒やされ、癒やして、愛猫との絆を今以上に深めていってくだされば嬉しいです。

アニマルケアサロンFLORA院長　中桐由貴

マッサージの前に

　マッサージをするにあたって大切なことは、愛猫とコミュニケーションをとることです。一方通行ではいけません。

　当たり前のことですが、愛猫が気のりしない時に無理にマッサージをしたり、不適切なマッサージをしてしまうと、愛猫にとってそれが嫌な記憶になってしまい、最悪な場合には、その1回の失敗でマッサージそのものをさせてくれなくなってしまいます。

　そうならないために、ここではマッサージの前に知っておくことや、事前の準備などを記していきます。

マッサージをお家でおこなう際の注意と禁忌

基本的にマッサージは安全性が高いものなので、どんな子にでもできますが、少し注意点があります。

・出血している子や外傷があったり、痛みが強い場所はマッサージNG。

・妊娠中や体力が落ちている時は「撫でる」や「さする」などの優しいマッサージで。

・持病があり、病院へ通院している子は、必ず獣医に確認してからおこなってください。

【重要】何をするのでも、必ず声をかけながら。愛猫からのアイコンタクトやサインをよく観察しながらマッサージをおこないましょう。

マッサージの反応

マッサージをするとデトックス効果があり、様々な反応が現れます。

以下の反応がマッサージ時にみられたら、特に効いている証拠です。

マッサージ中に現れる反応…「涙や鼻水が出てくる」「咳やゲップ、オナラが出る」など。

マッサージ後に現れる反応…「おしっこやうんちが出る」「水を良く飲む」「ぐっすり眠る」など。

骨格構造とツボ

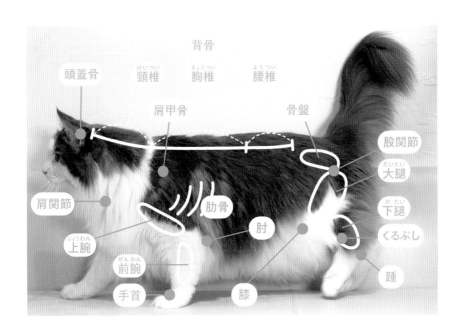

背骨

頭蓋骨　頸椎（けいつい）　胸椎（きょうつい）　腰椎（ようつい）

肩甲骨　骨盤

股関節

大腿（だいたい）

下腿（かたい）

くるぶし

踵

肩関節

上腕（じょうわん）

肋骨

肘

膝

前腕（ぜんわん）

手首

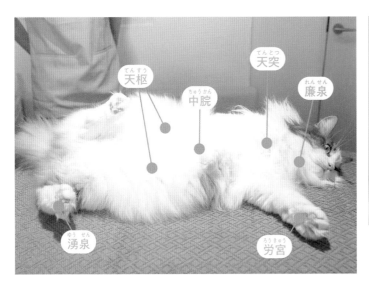

天枢（てんすう）

中脘（ちゅうかん）

天突（てんとつ）

廉泉（れんせん）

湧泉（ゆうせん）

労宮（ろうきゅう）

頭百会（あたまひゃくえ）

大椎（だいつい）

腎兪（じんゆ）

腰百会（こしひゃくえ）

尾尖（びせん）

マッサージ法

① 撫でる、さする、こちょこちょ

圧はあまりかけないで皮膚表面に優しくおこないます。
場所によって指1本から、 指の関節部、 手のひら全部や爪側を
使ったり、色々応用できます。

おすすめの場所　全身

② もむ、にぎる

筋肉を感じながらおこないます。
親指と他の指でもんだり、手のひらで覆ってにぎっても良いです。

おすすめの場所　もむ→筋肉がある場所、にぎる→手足や尻尾など

③ 叩く

手を少し丸くして空気を含みながら優しくおこないま
す。 マッサージ後におこなうことが多い動作です。

おすすめの場所　お腹や背中など、広い部位など

④ つまむ

皮膚をつまんで伸ばします。
皮膚が伸びる場所を指3 ～ 5本を使ってできるだけ根本からつまみます。

おすすめの場所　顔まわり、首、背中など

⑤ 押す

指の腹を使っておこないます。
最初の3秒で力を少しずついれて、3秒キープして離します。

おすすめの場所　全身、ツボがある場所

⑥ ゆらす

関節まわりの筋肉をゆるめるように、骨を感じながらゆっくりおこないます。

おすすめの場所　背骨、手足の関節や筋肉など

ウォーミングアップ

マッサージをする環境

リラックス

愛猫がゆっくりくつろいでる時や、自分から甘えてリラックスしてきた時がマッサージのタイミングです。

マッサージ前の準備として、手を温めたり、深呼吸をして落ち着いてから始めましょう。お互いがリラックスしている状態がベスト。

施術時間

1日大体5 〜 10分くらいを1 〜 3回。ウォーミングアップを1、2分おこない、あとは愛猫の様子をみておこないます。1マッサージ、3 〜 10回繰り返します。

初めはごく短い時間でおこない、慣れてきたら時間や回数を適宜増やしてOK。

強さ

猫は繊細な動物なので、初めは優しく撫でる程度、慣れてきたら少し力を入れて筋肉を感じながらほぐしてみましょう。嫌がる場所は避け、決して強く押したり、無理につまんだりしないこと。

マッサージ前後の合図

愛猫に「これからマッサージ始めるよ」「終わったよ」の合図を必ず送ります。

毎回しているうちに、だんだん「気持ちいいことしてもらえる」ことを理解して、合図だけでリラックスできるようになります。

マッサージ前

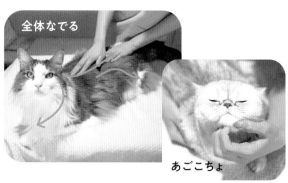

全体なでる

あごこちょ

1. 体全体を優しく撫で、今日はどこをマッサージして欲しそうかを感じとります。
2. あごまわり（もしくは愛猫が好きな部分）をこちょこちょして愛猫の機嫌もチェック。

マッサージ後

ぽんぽん

1. 身体を体幹から前あし、首からお尻、体幹から後ろあしへ撫でます。
2. 背中をぽんぽんと軽く叩き、優しく「終わったよ」と声をかけます。

リンパを流す

※マッサージの前や途中で各3～5回ずつおこないます。

運動不足、冷え、ストレスなど様々な原因でリンパは滞ります。

毎日リンパを流すことで、体内の老廃物等を排出して、疲労回復や免疫力アップをはかります。

※耳まわりの複数のリンパ節を含む。

耳下リンパ節※

下顎リンパ節

リンパの最終出口

鼠径リンパ節

腋窩リンパ節

膝下リンパ節

❶ リンパの最終出口をひらく
（リンパを流す際は必ず最初におこなう）

左の肩甲骨の前縁をやさしくさすります。

❷ 左右の耳下リンパ節、下顎リンパ節を流す

耳の付け根からあご下を通ってリンパの最終出口に向かって優しくさすりましょう。

❸ 左右の腋窩リンパ節をもむ

前あしの付け根、脇の辺りを軽くもみます。

④ 左右の鼠径リンパ節を流す

後ろあしの付け根内側を指の腹と側面でさすります。

⑤ 左右の膝下リンパ節を優しくもむ

膝の後ろを3本指でつまんでもみます。

やさしくね～

背骨まわりチェック

背骨まわりは臓器の状態や身体のバランスなどが顕著に出てくる部分です。
施術の前後にチェックするとマッサージによる身体の変化がわかるので、マッサージに慣れてきたら試してみてください。

①　背骨をつまんで、硬さの左右差をチェック

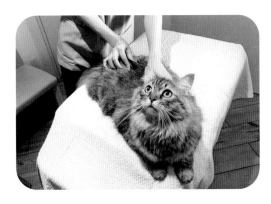

片手で後頭部や肩甲骨あたりを支えながら、もう一方の手で首から、背中、腰と背骨の骨を1個ずつ軽くつまんで、左右の硬さや張り感、コリ、むくみ（＊）を比べます。

②　皮膚の伸び感チェック

マッサージをすると全身の血流が良くなり、皮膚が柔らかく、伸びやすくなります。
マッサージ前は皮膚が硬かったり、伸びづらかったりするので、無理して伸ばさないように。伸びづらい場所、硬い場所はマッサージをしたほうが良い場所なので、その周辺は丁寧におこなうと良いでしょう。ただ、嫌がる場合はピンポイントではなく、周辺から徐々に触っていくのがおすすめです。

＊【むくみについて】

犬にも猫にもむくみがあるということを飼い主さんに告げると、驚かれることがしばしばあります。リンパの滞りがあるとむくみはでてきます。ぷよぷよした感覚です（マッサージして無くなればそれはむくみです）。
特に、顔や頭部まわり、首まわりがむくむ子が多いですが、胃腸が弱い子だと背中の中心あたり、膀胱の疾患がある子だと骨盤周辺などがむくんでいることがあります。
適切なマッサージをするとむくみがとれ、目がぱっちりしたり首が細くなったりします。

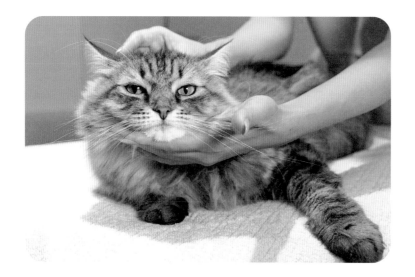

マッサージ
Massage

猫の身体を癒やすためのマッサージ法をなるべく簡単に紹介します。

　1部位それぞれ3 ～ 5ステップで記載していますが、流れで全ておこなっても、そのうち1つのマッサージのみをおこなってもかまいません。ぜひ愛猫が好きなマッサージを見つけてみてください。

　マッサージは、筋肉をほぐし、リンパを流し、血流を良くします。身体の調子を整えていきつつ、自己治癒力を上げていき、さらには愛猫との最高のコミュニケーションにもなります。

　今回はマッサージ法の中にツボや経絡（けいらく）も取り入れて、その効能もご紹介しています。東洋医学の考え方であるツボと経絡を一緒に刺激する事で、臓器のバランスも整えていくことができます。

　ツボはだいたい、凹んだところ、指が入るところにありますが、猫のツボは人間よりとっても小さいポイントなので、「この辺をさすっていればOK！」という目安として考えていただければ幸いです。

　日常的にマッサージをしていれば、愛猫の体調変化にも気づきやすくなります。各部位でチェックするポイントも紹介していますので、ぜひマッサージを楽しみながら愛猫の体調をチェックし、健康管理をしてみてください。

百会（ひゃくえ）
神庭（しんてい）
攢竹（さんちく）
太陽（たいよう）
承泣（しょうきゅう）

目と額

顔まわりは触らせてくれやすい場所です。
マッサージに慣れていない子でも、
このステップのどれかはさせてくれると思います。

効能	目や鼻のトラブル解消、頭部の痛みやふらつきの改善、精神安定。
方法	各ステップ3〜5回ずつ。
マッサージポイント	どのステップでも最初と最後は少し圧をかける。
チェックポイント	涙や目脂が多くないか、白目が赤くなっていないか。
注意点	目まわりは粘膜まわりになるので、優しくおこなう。

目頭から目尻をゆっくり撫でる。初め（攢竹）と終わりの部分に圧をかける。

ツボ 攢竹…眼疾患、瞼の痙攣、視覚障害などに使うツボ。

頬をつまんで、モミモミ。頸部のリンパへの刺激にもなる。

ツボ 太陽…眼疾患、頭痛、顔のむくみなどに使うツボ。

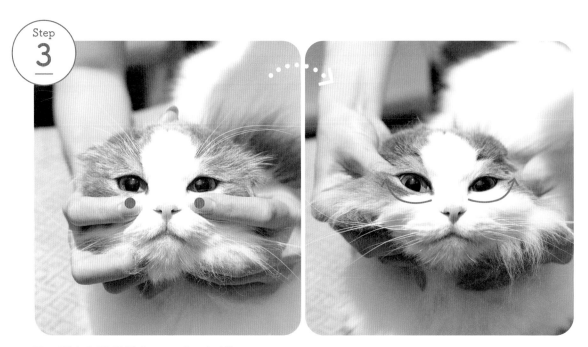

目の下から耳手前まで。　ゆっくり撫でる。

〔ツボ〕承泣…涙の分泌を調整するツボ。涙やけや充血などに使う。

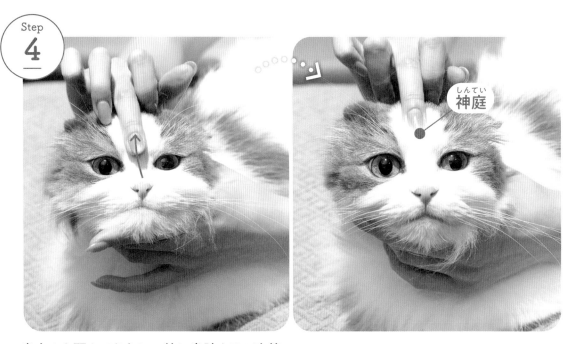

鼻上から頭までさする。　特に鼻詰まりの改善。

〔ツボ〕神庭…イライラやストレス解消のツボ。

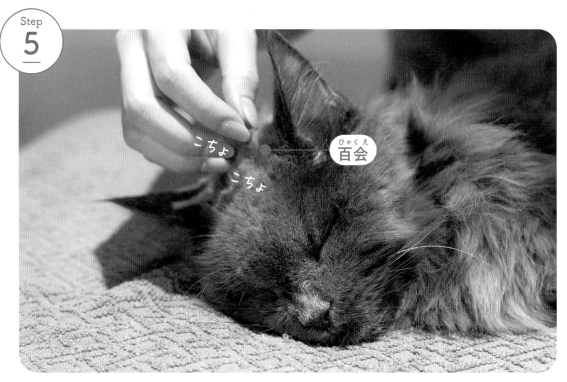

こちょ

こちょ

百会（ひゃくえ）

額から頭頂部あたりを指先でこちょこちょ。 身体バランスを整える。

万能のツボ「百会（ひゃくえ）（※頭百会（あたまひゃくえ））」

　頭のてっぺん、耳と耳の間の中心にあります。

　身体の熱を出したり、精神安定、背骨まわりの痛みをとったり、身体全体のバランスを整える働きがあります。人では百会は頭だけですが、動物では、腰にも腰百会（こしひゃくえ）というツボがあります。これは馬でマッサージや鍼治療をする際、頭が高く刺激しにくく、腰で同様の効果がある場所を腰百会として治療に使っていたからという話を聞いたことがあります。

　実際犬猫に鍼灸施術する時は、腰百会は必ずと言っていいほど刺激するツボです。

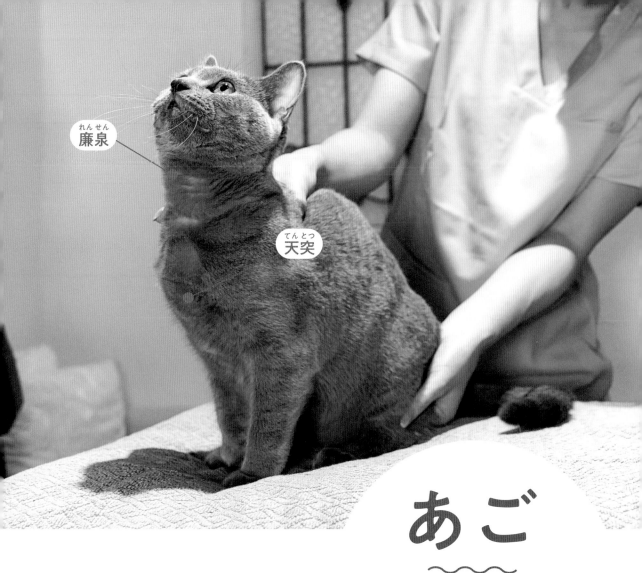

廉泉（れんせん）

天突（てんとつ）

あご

あごまわりは猫が好きな場所の1つです。
触るとゴロゴロ喉を
鳴らしてくれる子もいるでしょう♪

効能 口の中や歯の痛み、咳、顔のむくみの改善。

方法 各ステップ5回ずつ。

マッサージポイント マッサージに慣れていない子は、あごの横から触って、真ん中へ指を持っていく。指の腹の裏側、爪の部分を使ってマッサージすると圧が柔らかくなって受け入れやすい。

チェックポイント あごがベタついてたり黒く汚れていないか。

注意点 喉のまわりは気管があるので優しくおこなう。

Step 1

あご中央を指の先や腹で円をかく。
この時、あごのまわりが綺麗かチェックする。

Step 2

あご中央〜喉（廉泉）〜胸骨（天突）を撫でる。
胸骨あたりで軽く圧をかける。

ツボ 廉泉…嚥下障害、舌の動きの悪さなどに使うツボ。

ツボ 天突…咳、声の枯れ、甲状腺疾患などに使うツボ。

プッシュ！ プッシュ！

Step 3

くる
くる〜

左右の下あごを、指先でくるくる。
下顎リンパの流れも促される。

耳尖（じせん）

耳門（じもん）

聴宮（ちょうきゅう）

完骨（かんこつ）

耳

耳まわりは周囲の音を聞くために
よく動かすので、特にコリやすく、
多くのツボが集まっている部位です。

効能 歯の痛み、難聴、腰痛、頸部痛、てんかんの改善。

方法 各ステップ両耳3〜5回ずつ。

マッサージポイント 片方ずつでも、両方いっぺんでもOK。耳まわりにむくみがないか確認する。

チェックポイント 耳の冷えや熱感を確認。赤みがないか、耳垢が多くないか、痒がらないか。

注意点 耳の痒みが強い場合（触ると後ろあしが動く）は優しくおこなう。

Step 1

ぐるぐる

耳全体を根本から大きく回す。　　　　　反対方向も。

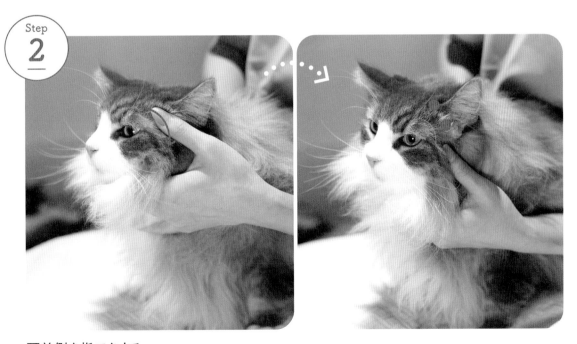

Step 2

耳前側を指でさする。

ツボ 耳門、聴宮…中耳炎、歯痛、聴覚障害などに使うツボ。

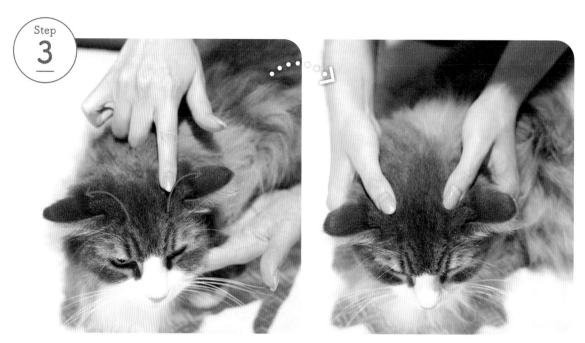

耳後ろを指の腹でさする。 片方ずつでも両方いっぺんにさすってもOK。

さすった場所がぷよぷよしていたら、耳がむくんでいるのかも。
その場合は耳後ろだけでなく、そのままリンパの出口の肩の内側まで撫でるとgood！

耳まわり、耳に沿って、少しずつずらして押していく。 特に初めと終わりは長めに。
触っていてコリが感じられたらその場所を長めに指圧する。

ツボ 完骨(かんこつ)…首の痛み、不眠、歯痛などに使うツボ。

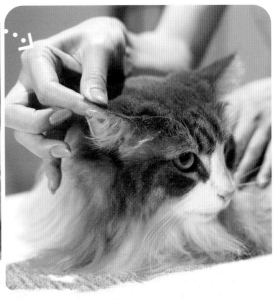

耳たぶのまわり、つまんで離すを繰り返す。　耳先（耳尖）に圧をかける。

ツボ 耳尖…目の充血、アレルギー、腹痛などに使うツボ。

Column

東洋医学からみたマッサージの効果

　何故ツボを刺激すると体調が良くなるのでしょう？

　東洋医学では、全身を巡る大体12本ある経絡上を「気」「血」「水」が流れているとされています。そして病気はその流れが滞っておこると言われています。

　簡単に言うと、「気」は血液、水分、臓器などを動かすエネルギー、「血」は血液のようなもの、「水」は血液以外の体液、リンパ液のようなものという認識です。

　ツボは「気」が集まるポイントで、大体が経絡上にあります。

　例えると、「経絡」が線路で、「ツボ」が駅で、「気」は電車、「血と水」は乗っている人達、みたいな感じです。電車（気）が少なくなったり、止まってしまうと、身体を巡るはずの人達（血や水）が上手く全身へ行けなくなり、さらに他の線路（経絡）まで影響がでてしまって、身体の不調がでたり病気になるというメカニズムです。

　マッサージをしてツボを刺激すると、経絡上へ気血水の巡りが改善し、病気が快方に向かい本来の健康な状態に戻っていくと考えられています。体調改善が流れで促されるのです。

23

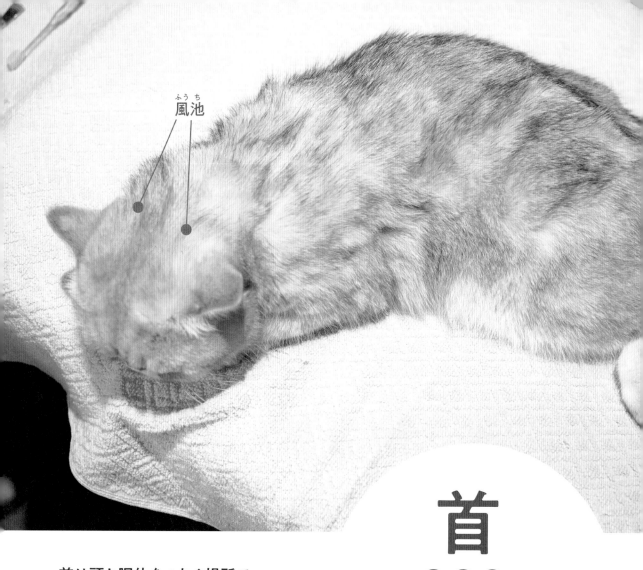

風池
（ふうち）

首

〰〰〰

首は頭と胴体をつなぐ場所で、
リンパの流れが悪くなりやすく、
むくみやコリ、張りが出やすい部位です。

効能	鼻水、鼻詰まり、首の痛みなどの改善。
方法	各ステップ5〜7回ずつ。
マッサージポイント	鼻や首の症状が出ている時は風池を温めても効果的。
チェックポイント	首を触った時に痛がらないか、張りやむくみ感がないか。
注意点	ステップ2で喉の方へいきすぎないよう注意。

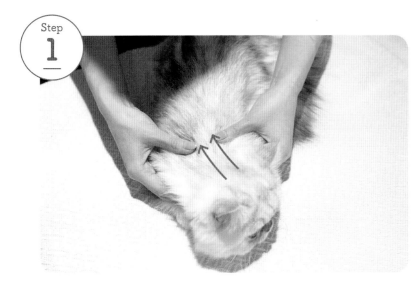

Step 1

後頭部（風池）を親指で押し、ゆっくり下へスライド。

[ツボ] 風池…鼻のトラブル、猫風邪、てんかんなどに使うツボ。

Step 2

くるくる〜

耳下から肩甲骨までを指3、4本で円を描くように。
下顎リンパの流れを良くする。

Step 3

むにぃ〜ん

首後ろをつまんで皮膚を伸ばす。できればもみもみと圧をかける。

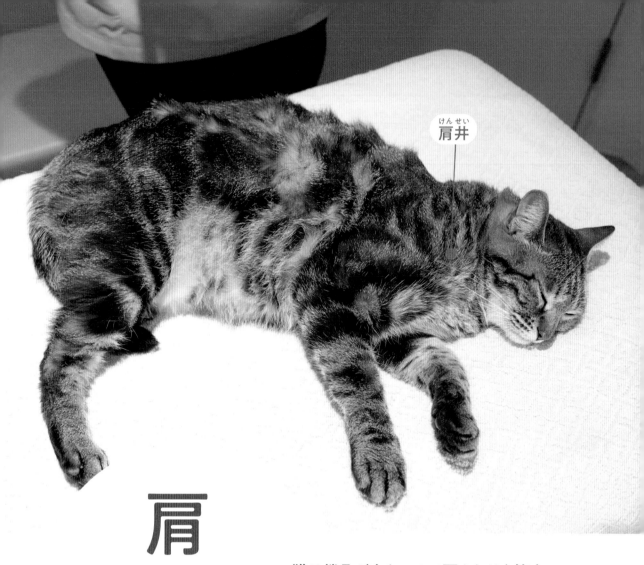

けんせい
肩井

肩

猫は鎖骨が小さいので肩まわりを筋肉で
保持しています。そのため肩周辺はよく動き、
疲れやすい部位です。

| 効能 | 肩、首の痛み、歩き方の改善。 |

| 方法 | 各ステップ5 〜 7回ずつ。 |

マッサージポイント 左右で筋肉の硬さが違うことが多いので、硬い方を多めにマッサージする。ステップ3でコリがある部分は押す。

チェックポイント 肩の内側や脇が硬くないかどうか（左右差）確認。

注意点 愛猫が楽な肩や肘の位置でおこなう。

Step
1

もみ
もみ

脇に手を入れてもむ。
左右の張り感を比較する。
腋窩リンパの流れをよくする。

Step
2

肩内側

肩まわりを指の腹で円を描く。
特に肩内側は張るので念入りにおこなう。

Step
3

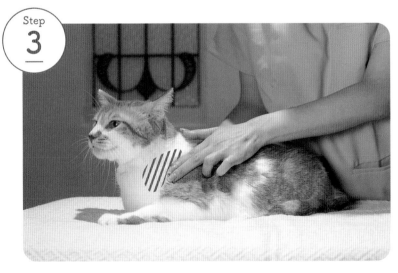

肩甲骨まわり、肩甲骨上を2、3本の指で骨や筋肉を感じながらさする。

ツボ 肩井…コリや首の痛みに使うツボ。

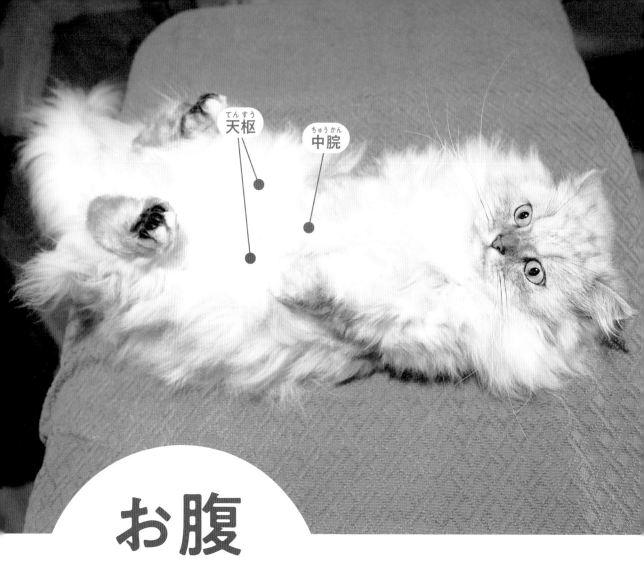

天枢
てんすう

中脘
ちゅうかん

お腹

お腹は皮膚が柔らかく、安心していないと
なかなか見せてくれません。

| 効能 | 食欲不振、便秘、下痢、嘔吐の改善。 |

| 方法 | 各ステップ5〜10回ずつ。症状があり気持ちよさそうにしている場合は多めにおこなう。 |

| マッサージポイント | 症状がある場合は温めながらおこなうと効果的。 |

| チェックポイント | お腹の張り感がないか、ハゲている部分がないか、乳腺の張りがないか。 |

| 注意点 | お腹は特に皮膚が柔らかくデリケートな部位なので優しく。 |

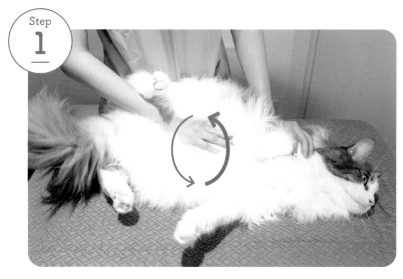

Step
1

胸骨のすぐ下に手をあて、
反時計回りにさする。
特に左から右の時に少し圧
をかける。

ツボ 中脘（ちゅうかん）…胃や肝臓疾患、食
欲不振などに使うツボ。

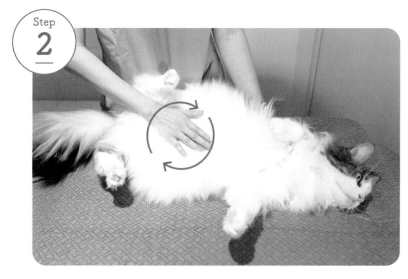

Step
2

お腹中心を手のひらで時計
回りにさする。

ツボ 天枢（てんすう）…便秘、下痢、嘔吐な
どに使うツボ。

Step
3

ぽん
ぽん

お腹全体を手を丸めて軽く
ぽんぽん。
鼠径部も一緒に叩くと鼠径
リンパの流れも促される。

大椎
だいつい

腎兪
じんゆ

京門
けいもん

背中

背骨まわりは全身の臓器に関係する
場所なので、とっても重要です。

効能 背中や腰の痛み改善、熱の調節、免疫力アップ。

方法 各ステップ5〜10回ずつ。

マッサージポイント 両手を使うと動いてしまう場合は、片方の手（利き手
と反対側）で肩甲骨あたりを支える。

チェックポイント 座った時の左右バランス（背骨がどちらかに偏ってい
ないか、後ろあしが片方だけ内側に入っていないかなど）＋＜マッサー
ジ前＞項目の背骨チェック

注意点 腰痛などがあり触られるのが苦手そうな場所へのマッサージ
はひかえ、まわりを念入りにおこなう。

Step
1

指で背骨を挟んで首〜尾付け根まで撫でる。

この時使う指は「親指と人差し指」でも、中指を背骨の中心にあて「人差し指と薬指」でもOK。

Step
2

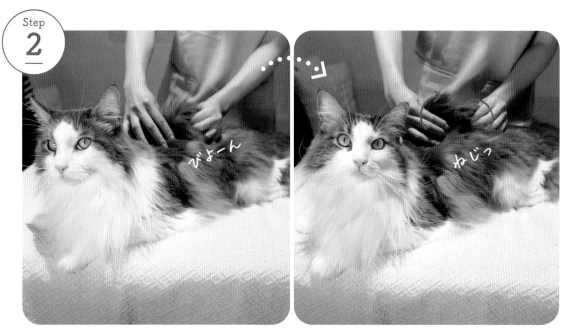

背骨まわりの皮膚をつまみ上げる。　嫌がらなければ皮膚を優しくねじる。

ゆら ゆら

肩甲骨の間（大椎）を押し、背骨を親指と人差し指でつまんで、胸椎から腰椎まで揺らしていく。

ツボ 大椎…皮膚炎やてんかん、身体の熱感がある時に使うツボ。

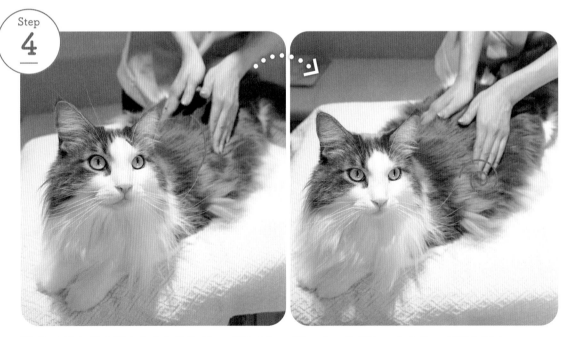

肋骨の終わりを背中からお腹に沿って撫でる。 硬いところがあったらそこで円を描く。

ツボ 京門…肝胆の疾患、腰痛、腹痛などに使うツボ。

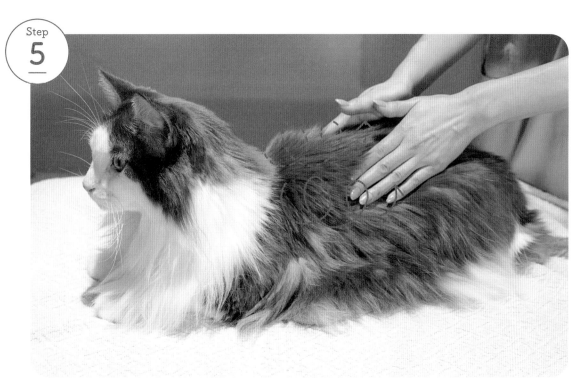

手のひらで背中全体の皮膚を動かしていく。

老化防止のツボ「腎兪」

　腎兪は腎の気が集まるところといいます。東洋医学で腎は、親からもらった「気」の貯蔵と、「水」の流れを調整する場所です。さらに発育や生殖、骨、耳、尿道、肛門、足腰などに深く関与しており、老齢になって親からもらった腎気が少なくなると、骨が脆くなったり、耳が聞こえづらくなったり、おしっこのトラブルが増えたり、腰や後ろあしがふらついたりします。

　お家で飼われている猫達は避妊や去勢をされている子が多く、それに伴いもともと生殖に関わる腎の気が少なくなっていることがあります。

　水をあまり好んで飲まない子も多いので、水分代謝に関与している腎へ負担がかかり、高齢の猫は腎臓が悪くなる子が多いように感じます。

〈腎兪の効能〉余分な水を排出しむくみをとる。尿漏れ、便通の改善。
冷えの改善。疲れをとる。足腰の力を入りやすくする。

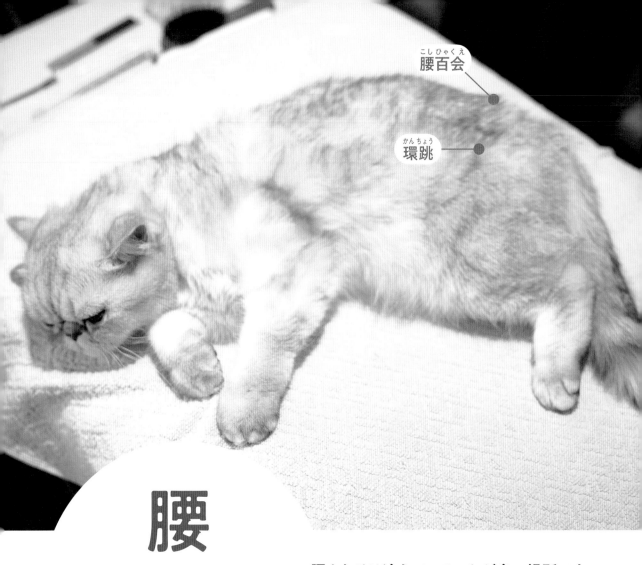

腰百会（こしひゃくえ）

環跳（かんちょう）

腰

腰まわりは冷えていることが多い場所です。
特に尻尾の付け根は大好きな子が多いので
ぜひ試してみてください。

| **効能** | 腰痛、股関節やお尻まわりの痛み緩和、冷え改善。 |

| **方法** | 各ステップ5回ずつ。こちょこちょは適宜。 |

| **マッサージポイント** | 腰は冷えやすい部位なので、アイマスクなどで温めてからおこなうと効果アップ。 |

| **チェックポイント** | 触って痛がらないか、腰の冷えがないか、脱毛がないか。 |

| **注意点** | 股関節を痛めていたり、尿トラブルがある子は、触られるのを嫌がることがあるので注意しておこなう。 |

Step 1

骨盤上をつまむ。
腰のあたりを全体的につまんでいく。特に背骨のラインと左右の骨盤の骨の出っぱりが重なる部分（腰百会）を念入りに。

ツボ 腰百会…腰痛、腹痛、下痢や気力がない時に使うツボ。

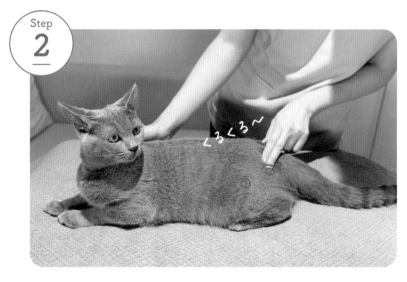

Step 2

くるくる〜

骨盤の前〜横〜後ろを2本指で円を描く。

ツボ 環跳…膝や股関節まわりの痛み、後ろあしの麻痺などに使うツボ。

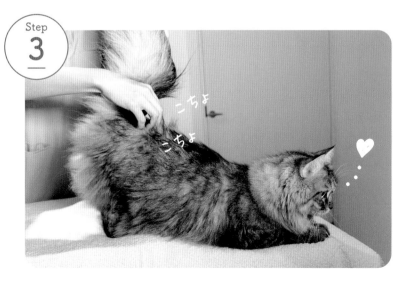

Step 3

こちょこちょ

尻尾の付け根あたりを、指の腹でぽんぽん。もしくは指先を使ってこちょこちょ。

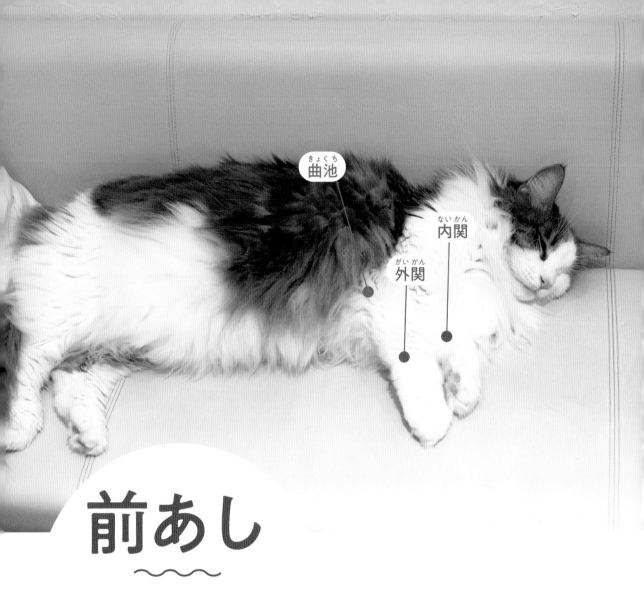

曲池（きょくち）

内関（ないかん）

外関（がいかん）

前あし

前あしは小さな中に沢山の経絡が流れています。
ツボも多いのでマッサージができるとお得感満載！

効能 肩コリ、心肺疾患、下痢嘔吐、アレルギー、てんかんなどの改善。

方法 各ステップ5〜7回ずつ。

マッサージポイント 握る時はゆっくりと。3秒数えて、パッとはなす。

チェックポイント 手や関節の部分が冷めたくないか、腕部分に脱毛がないか。

注意点 腕を引っ張りすぎないように、楽な体勢でおこなう。

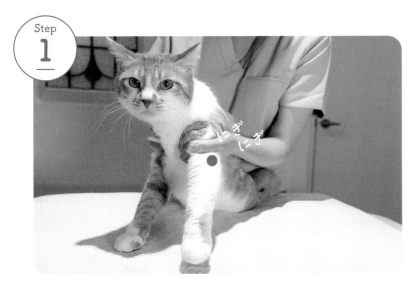

上腕、前腕を「にぎって離す」
を肩の付け根から手先まで。
末端の血流が改善される。

ツボ〉曲池…歯痛、下痢、便秘、
発熱の時に使うツボ。

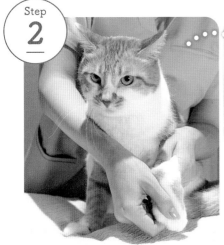

手首の少し体幹側（内関、外関）をつまみ、手首を上下左
右にくるくる動かす。

ツボ〉内関…不安、吐き気、心疾患が認められる時に使うツボ。

ツボ〉外関…アレルギー、耳の疾患、肩や背中の痛みなどに使うツボ。

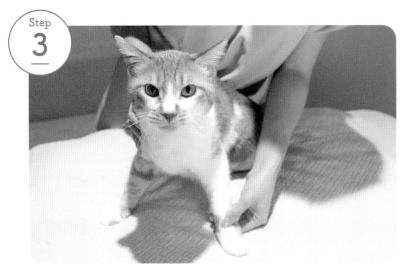

手首まわりを押す。
手首まわり一周をくまなく
押していく。

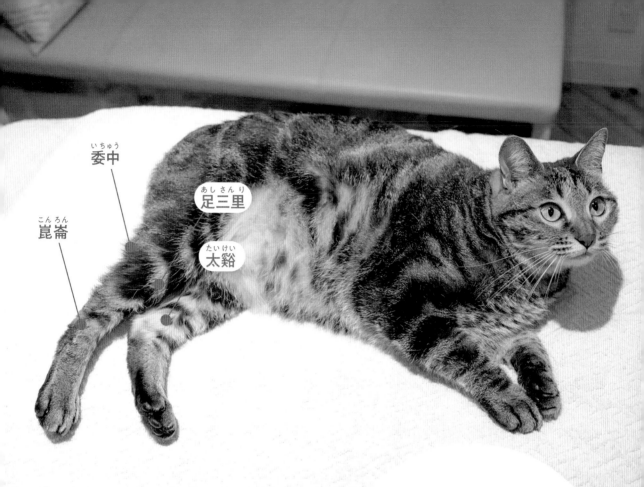

委中（いちゅう）

足三里（あしさんり）

崑崙（こんろん）

太谿（たいけい）

後ろあし

後ろあしは関節（股関節と膝）まわりがコリがちです。
前あし同様、多くの経絡が流れているので
お得感があります♪

効能 腰痛、嘔吐や下痢、腎膀胱疾患の改善。

- -

方法 各ステップ3〜5回ずつ。

- -

マッサージポイント 足には重要なツボが沢山あるので、愛猫が許せばしっかり圧をかけながらおこなう。

- -

チェックポイント 膝裏や膝まわりの張り感、足先の冷えがないか。

- -

注意点 足先は苦手な子も多いので無理はしないように。横に寝ている場合は、下になっている側がおこないにくいこともあるので、諦めも肝心。

- -

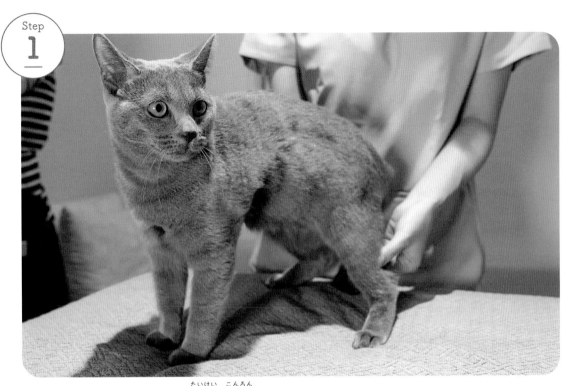

踵の上、アキレス腱の頭側（太谿・崑崙）をつまむ。

ツボ〉太谿（内側）、崑崙（外側）…腰痛、耳のトラブルなどに使うツボ。

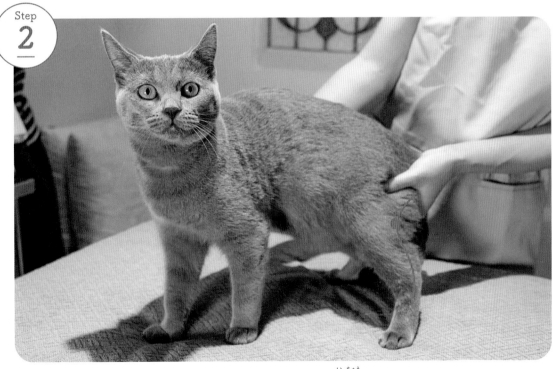

踵の上からつまんで離すを繰り返しながら、膝の後ろ（委中）を通って、太ももの付け根へ。
膝の後ろと太ももの付け根は止まってよくもむ。

ツボ〉委中…腰痛、尿のトラブルなどに使うツボ。

足つけ根を頭側からつかんで親指と4本指で大腿部をもむ。

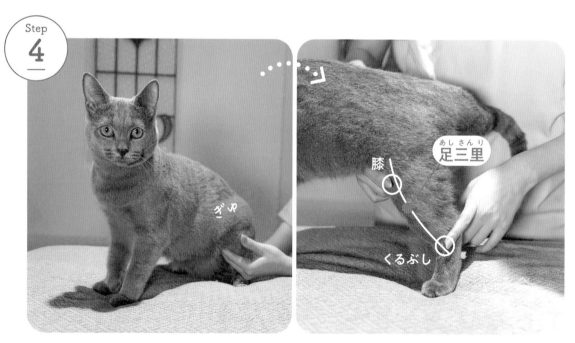

太もも付け根から膝を通ってくるぶしまで、つまんで離すを繰り返す。
特に膝下（足三里）くるぶしは止まってよくもむ。

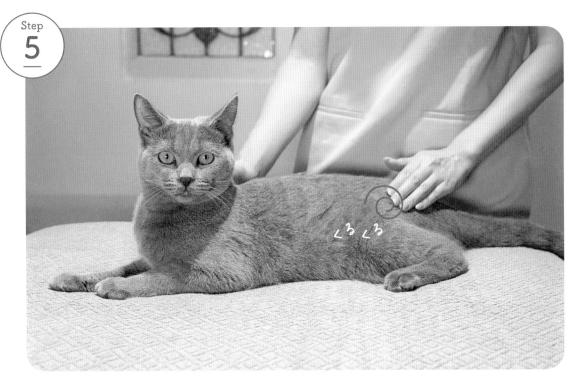

くるくる

太もも、股関節まわりを指の腹や手のひらで円を描く。

Column

胃腸調節のツボ「足三里」
<ruby>足三里<rt>あしさんり</rt></ruby>

　足三里は、全身を流れる12経絡のうち胃経のツボで、主に消化、吸収、排泄などの調節をおこなっています。

　動物では手足のツボは密集しすぎてわかりづらかったり、足を触られるのを嫌がる子もいるため、少し施術しにくいのですが、足三里はよく使うツボです。

　唇や口にも深く関与しているので、口内炎や適切な食事を取れない時なども使います。

　胃腸トラブル以外では、鼻詰まりなどにも使います。何故鼻詰まりがよくなるの、と思うかもしれませんが、胃経の経絡は鼻から始まって足に向かっており、足三里を刺激すると経絡上の鼻粘膜の滞りが解消されるというメカニズムです。

〈足三里の効能〉
胃腸のトラブル（食欲不振、嘔吐、下痢、便秘、腹鳴等）の改善、お腹を温める、後ろあし（特に膝まわり）の弱さや痛みの緩和、精神安定、目の充血、上の歯の痛み、鼻詰まり。

尾尖（びせん）

後海（こうかい）

尻尾

尻尾は猫の感情表現に良くつかわれ、とても敏感な場所です。 触られるのが苦手な子もいるので無理はしないで。

効能 下痢や便秘の改善、元気を出す。

方法 各ステップ2 〜 5回。

マッサージポイント 刺激に慣れていないことが多いので、弱い力からマッサージしていく。

チェックポイント 付け根あたりが脂っぽかったり、皮膚が赤くなっていないか。脱毛がないか。

注意点 尻尾を引っ張らないように気をつける。

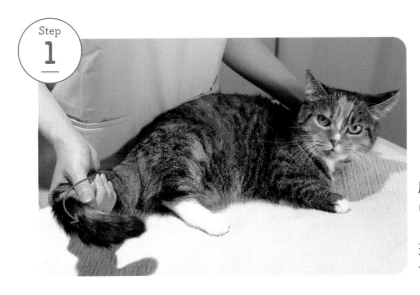

尻尾の根本から軽くにぎって
ゆるめる。
「にぎってゆるめる」を繰り
返しながら、毛の流れに沿っ
て先端の方へ。

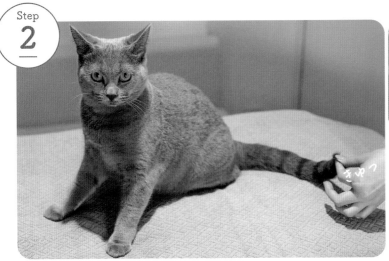

尻尾の先端をつまむ。
ツボ 尾尖…腹痛、後ろあしが弱
っている時などに使うツボ。

尻尾の皮膚をつまんでいく。
この時、根本あたりの毛のベ
タつきや皮膚の赤みがないか
確認する。
ツボ 後海…下痢、便秘、てんか
んなどに使うツボ。

43

労宮
（ろうきゅう）

湧泉
（ゆうせん）

肉球

肉球まわりは猫に効果的なツボが満載!
ぷにぷにと癒されながら愛猫の体調管理もできて
一石二鳥です♪

効能 口内炎、歯肉炎、てんかん、心肺疾患、免疫異常、身体の疲れや熱感などの改善。

方法 各ステップ5回ずつ。

マッサージポイント 慣れていない子は片手ではおこなわないようにする。片方の手で、マッサージする部位の近くを支えておこなうと安心感があり、嫌がられにくい。
ステップ5では、スピーディーに爪を出せるとおこないやすい。

チェックポイント 爪の長さや太さ。爪まわりが汚れていないか。肉球のツヤがあるか。

注意点 指先（ステップ4、5）は特に敏感な部分なので、優しくおこなう。

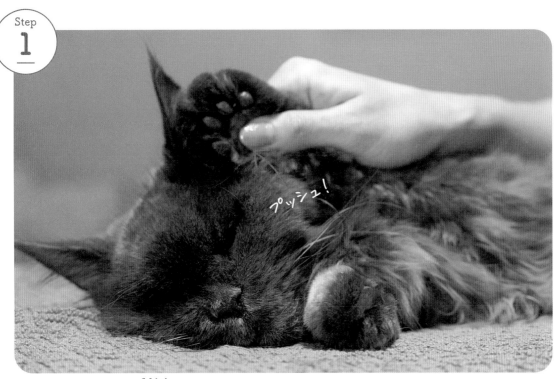

プッシュ！

前あしの大きい肉球（労宮）を手首側から押す。

ツボ 労宮…てんかん、嘔吐、心臓トラブルの時に使うツボ。

プッシュ！

後ろあしの大きい肉球（湧泉）を踵側から押す。

ツボ 湧泉…てんかん、便秘、免疫異常などに使うツボ。

前あし、後ろあし共通

もみもみ

肉球と手足の甲を指で挟んでもむ。

えいけつ
榮穴

指の間の水かきをつまんでもむ。

ツボ 榮穴…身体の熱を司る場所で、身体の炎症や熱感がある時などに使うツボ。

せいけつ
井穴

爪の付け根をつまむ。

ツボ 井穴…気力が出てくる場所で、元気がない時や、胸からお腹のあたりに張り感がある時などに使うツボ。

爪を簡単に出すコツ

1 爪を出したい指の大きい肉球側に
人差し指（親指）を置く。

2 手の甲側、裏の肉球に置いた指よ
り少し手首側で盛り上がっている
部分に親指（人差し指）を置く。

この部分

3 上下から押すとぷりっと爪が出て
くる。

持つ場所、押さえる場所を
捉えれば簡単♪
これで爪切りもバッチリできます。

ストレッチ

Stretching

ストレッチは、 関節や筋肉を伸ばしたり、 ゆるめたりして、 ケガの予防や疲労回復のためにおこないます。 上手くおこなうとリラックス効果もあります。

　健康な子はもちろんですが、 特に病気がちの子や最近運動量が減ったり、 寝てばっかりという子におススメです。

　猫は比較的身体が柔らかいので、 犬よりストレッチはしやすいと思います。 猫自身で、 寝起きなどに、 前あしを前に伸ばしていたり、 背中を丸めて伸びをしていたり、 後ろあしをクイっと後ろに伸ばしたりと、 ストレッチをしている姿を見たことがあるのではないでしょうか?

　老猫になってきたり、 身体が動きにくくなってくると、 そういった姿を見づらくなることがあります。

　最近ストレッチしている姿を見ないなと思ったら、 ぜひこちらのストレッチをおこなってみてください。

　ギリギリ痛いか痛くないかのところを攻めると効果的なので、 マッサージよりも少し難易度が上がります。

　ここでは大体、 伸ばして→縮めて→ ゆるめるという流れで説明していますので、流れ通りにおこなっていただけたら身体に優しくストレッチができます。

　伸ばしながら&縮めながら、 硬くなった筋肉に一緒にマッサージを加えてあげるとさらに良いです。

　運動不足な子や老齢な子は、 ストレッチする前に関節や筋肉を温めるとストレッチしやすいと思います。
「マッサージ」の章で、 何種類か問題なくおこなえたらやってみましょう。

股関節+膝ストレッチ

←——————————————————→

大腿部や膝まわりの筋肉を
柔らかくします。

効能　より高くジャンプをしたり、走ったりしやすくする。

方法　各3 〜 5回ずつ。伸ばしたり曲げたりするステップでは5 〜 10
秒キープできると効果的。

ストレッチポイント　痛いか痛くないかギリギリのところを攻められると
効果的。伸ばす時は特にゆっくりおこなう。

注意点　愛猫が嫌がったり動こうとしたら、すぐに足から手を離し、胴
体を持つ。足を持ったままだと脱臼などのケガにつながるので注意。

Step 1

ぐぃ〜ん　5〜10秒 **キープ**

股関節、膝 【伸ばす】

膝を伸ばした状態で、太ももを尻尾の方向へ伸ばす。

Step 2

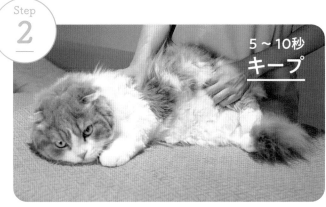

5〜10秒 **キープ**

股関節、膝 【曲げる】

膝を手のひらでつつみ、大腿（だいたい）と下腿（かたい）を一緒に持って曲げていく。
足を小さく折りたたむ感じ。

※できたら… Step 3

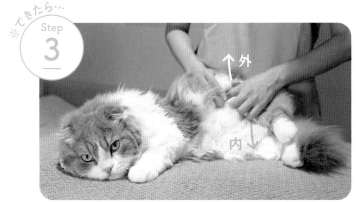

↑外

内

股関節、膝関節を曲げた状態を保持しながら、揺らす。
揺らす方向は、猫の外と内へ。
反対も同様におこなう。

Step 4

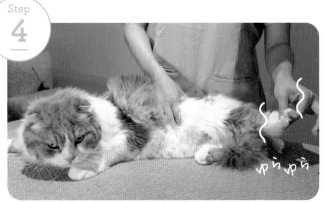

ゆらゆら

最後に 【ゆるめる】

楽な姿勢で足の付け根に手を添えて足先を持ってゆっくり揺らす（愛猫がリラックスしていたら支えるのはどこでもOK）。
方向は関係なく、前後左右に揺らす。

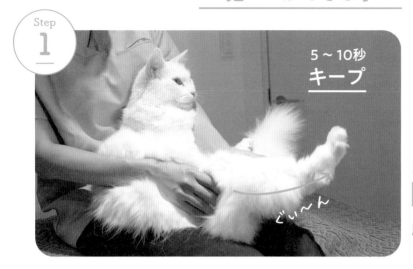

Step 1

5～10秒
キープ

ぐい～ん

股関節、膝
【伸ばす】

膝を伸ばした状態で、太ももを尻尾の方向へ伸ばす。

※できたら…

Step 2

内
ゆらゆら
外

伸びた状態で、太もも付け根を持って揺らす。
揺らす方向は猫の外と内へ。
触って硬いところがあれば、そこに指を置く。

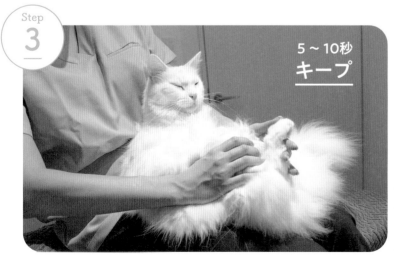

Step 3

5～10秒
キープ

股関節、膝
【曲げる】

膝を手のひらでつつみ、大腿（だい）と下腿（たい・か・たい）を一緒に持って曲げていく。
足を小さく折りたたむ感じ。

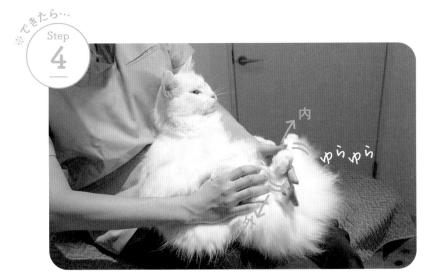

Step
4

内
ゆらゆら
外

股関節、膝関節を曲げた
状態を保持しながら、揺ら
す。
揺らす方向は、猫の外と内
へ。

Step
5

ゆらゆら

股関節、膝
【ゆるめる】

楽な姿勢で足の付け根に手
を添えて足先を持ってゆっ
くり揺らす（愛猫がリラック
スしていたら支えるのはど
こでもOK）。
方向は関係なく、前後左右
に揺らす。

いっぱい
走れそう…

背中ストレッチ

←——————————→

背骨まわりの筋肉を伸ばしてゆるめます。

効能　姿勢の改善や背骨まわりの痛み改善。

方法　各3〜5回ずつ。抱っこできる子のストレッチは5〜10秒キープすると効果的。

ストレッチポイント　抱っこしておこなうと、飼い主さんも一緒にストレッチできます。しっかり身体を密着させておこないましょう。

注意点　抱っこして引っ張りあげる時に腕を引っ張らない。

抱っこが苦手な子

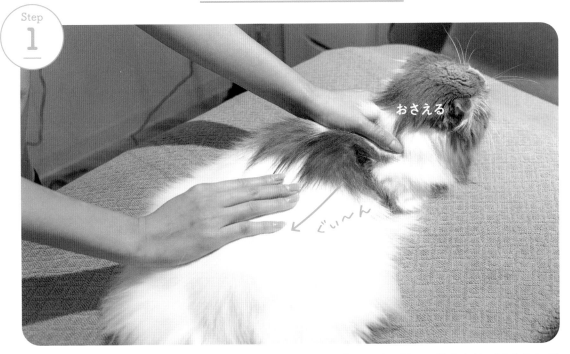

肩甲骨を片手で支え、 もう片方の手で背骨に沿って圧をかけながら、 背中を伸ばすように尾側へ。

背骨まわりの筋肉を前後でつまんで、頭側と尾側に引っ張る。 指2本分くらい離し、背骨1個分くらいずつ尾側へ移動していく。 1部位、3～5秒ぐらい。

抱っこができる子

Step 1

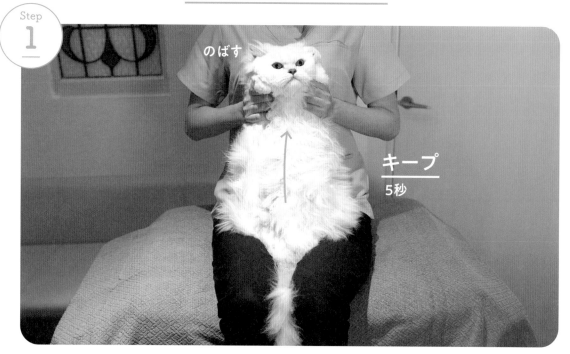

のばす

キープ
5秒

愛猫のお尻を軽く足で挟んで固定し、肩甲骨や前あしの付け根を持って、背骨が伸びるよう
ゆっくり引っ張る。

※できたら…
Step 2

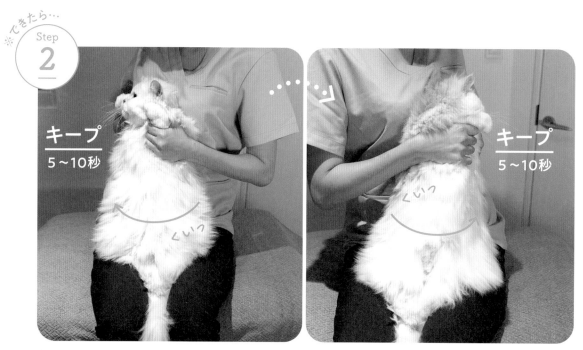

キープ
5〜10秒

くいっ

キープ
5〜10秒

くいっ

左右へ身体をねじる。
愛猫の背中と飼い主さんのお腹をピッタリくっつけて、飼い主さんも一緒に同じ方向を向く。

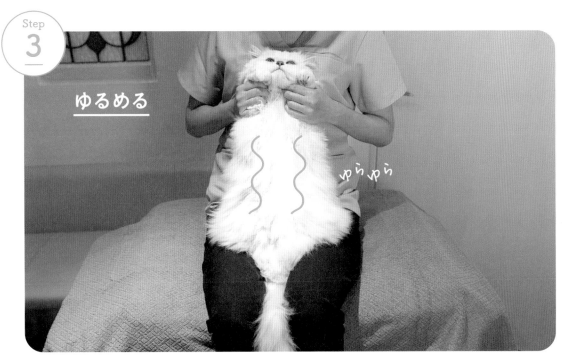

ゆるめる

ゆらゆら

伸びた状態で軽く揺らす。 飼い主さんの腕もしくは上半身をゆらす。

コリがちな背中

首ストレッチ

←————————→

首筋を左右に伸ばして、
後頭部から耳後ろの筋肉を
ほぐします。

効能	首筋の張り感や首のコリ、前あしの疲れなどの改善。
方法	各3 〜 5回ずつ、ステップ2と3は5 〜 10秒キープする。
ストレッチポイント	ステップ4では縮めた方の筋肉をほぐしていく。
注意点	あごの手は下あごの骨を支えて、喉は押さないよう気をつける。

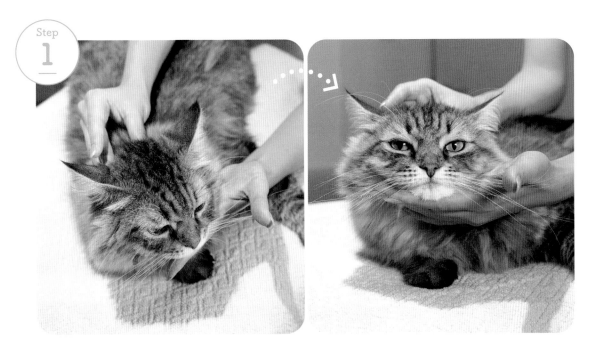

片方の手であごを支え、耳の後ろを親指と中指（人差し指）でつまむ。

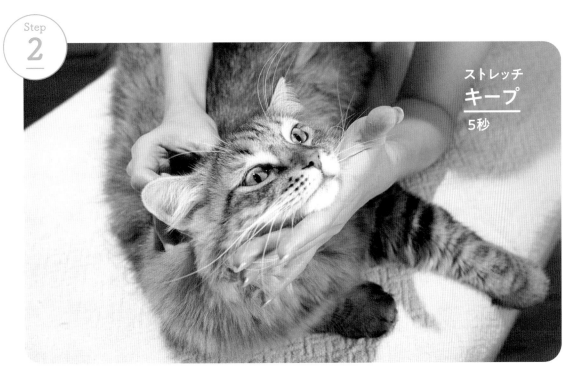

ストレッチ
キープ
5秒

あごをゆっくりと押し上げる。

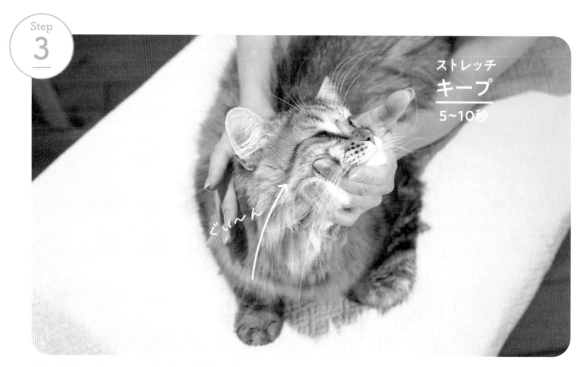

Step 3

ストレッチ
キープ
5~10秒

ぐり~ん

左に顔を向け、右の首筋を伸ばす感じでストレッチ。

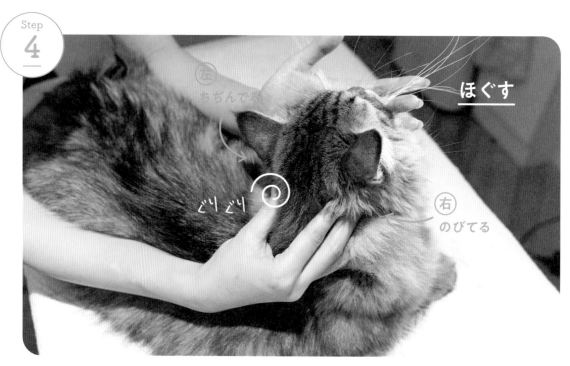

Step 4

ほぐす

左
ちぢんでる

ぐりぐり

右
のびてる

そのまま顔が向いている側（ここでは左側）の指で首をぐりぐりほぐす。
反対側も同様に。特に硬いほうは、しっかりおこなう。

ゆるませる

もみ もみ

首の後ろ側を肩甲骨の間まで親指、人差し指、中指でつまみあげるように揉む。

ぐりぐりは
痛気持ち良い

肩関節+肘ストレッチ

←——————→

上腕の筋肉を
伸ばして動かしゆるめます。

効能 立ちやすく、歩きやすくする。前あしを動きやすくし、遊びの
クオリティーをあげる。

方法 各3〜5回ずつ。1つのポーズで5〜10秒キープできると効果的。

ストレッチポイント 斜め反対へ伸ばしてキープ中、細かく揺らしたり、反
対の手であごをこちょこちょすると猫の集中力が続きやすい。

注意点 前あし（特に肩）に痛みがある子にはおこなわない。

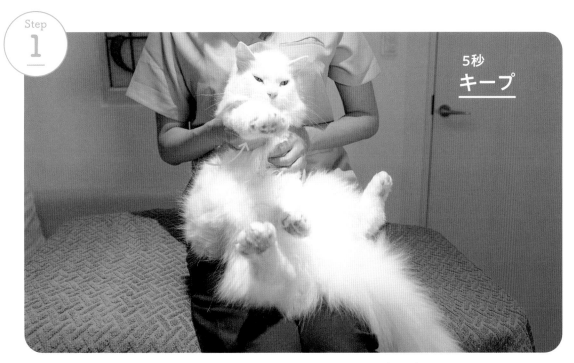

5秒
キープ

肩、肘【伸ばす】 　肩と肘をゆっくり、できるだけ前（頭側）に伸ばしていく。
嫌がらないギリギリが攻められるとgood！

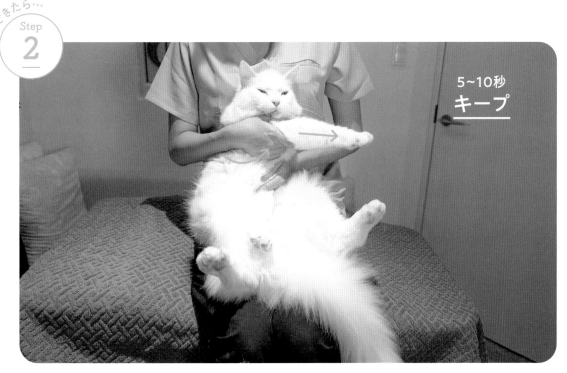

5～10秒
キープ

伸ばしている腕とは反対方向へ伸ばす。 右腕だったら左側へ伸ばす（左腕だったら右側へ）。
反対の腕も同様におこなう。

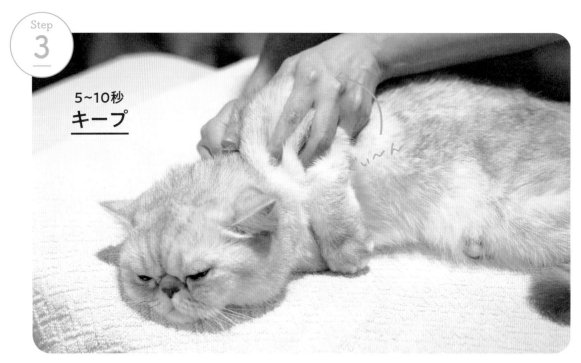

Step **3**

5~10秒
キープ

肩、肘 【曲げる】　肘を曲げて、上腕と前腕を一緒に支えてできるだけ後ろに引く。

※できたら…

Step **4**

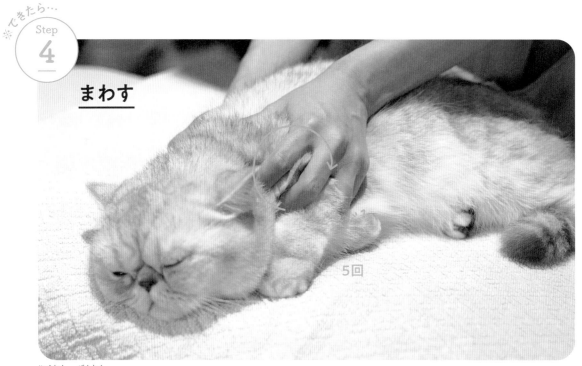

まわす

5回

上腕と前腕を持ったまま、前と後ろに肩関節をまわす各5回。
反対の腕も同様におこなう。

おつかれ〜 ♥

最後に 【ゆるめる】 両側の脇、肩まわり、上腕をさすってほぐしていく。

ほぐれてきた…

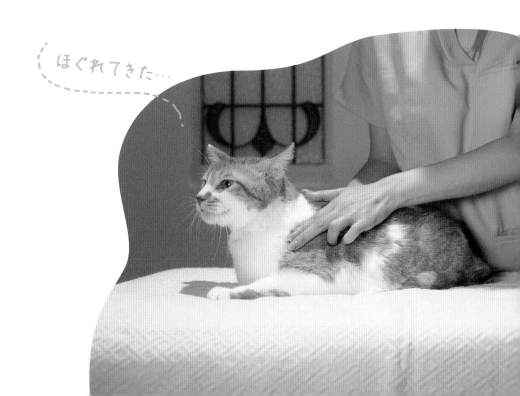

Yellow
Pages

イエローページ

飼い主さんからよく聞かれる4つの症状や、お悩み解決のためのマッサージをまとめました!　こんな症状がある子にぜひおこなってみてください。

1　猫カゼ
目ヤニの量が増える、涙目、くしゃみ、鼻水、咳、体調不良。

2　お腹の調子が悪い
下痢、便秘、嘔吐、食欲不振、げっぷやおならが多い、お腹がキュルキュル鳴るなど。

3　ストレス
掻く、舐める、脱毛、嘔吐、膀胱炎、マーキング (トイレ以外でおしっこやうんちをする)、夜鳴きなど。

4　肥満
(病気以外で) 食べる量が多い、運動量が少ない、代謝が落ちている (年齢等で)、むくんでいるなど。

5　あると便利なマッサージグッズ
アイマスク、スプーン、綿棒、ブラシ・コーム、歯ブラシ

猫カゼ

目ヤニの量が増える、涙目、くしゃみ、鼻水、咳、体調不良。

目ヤニの量が多い、涙目などのケア

上瞼、下瞼を目頭から目尻に向かって撫で、目と目の間をキュッとつまむ。

①②両目3回ずつ

③5回

くしゃみや咳のケア

あご中央から胸骨まで撫で、喉のツボ（廉泉）部分をつまむ。

① 5回

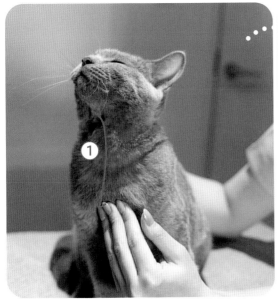

② 3回

キュッ！

全身の免疫力を整える

耳後ろのツボ（風池）を押す。
押した指は移動させず、皮膚を動かす感じでぐりぐりと円をかく。

アイマスクなどで温めると
更に効果UP♪

お腹の調子が悪い

下痢、便秘、嘔吐、食欲不振、げっぷやおならが多い、
お腹がキュルキュル鳴るなど。

胃腸のケア

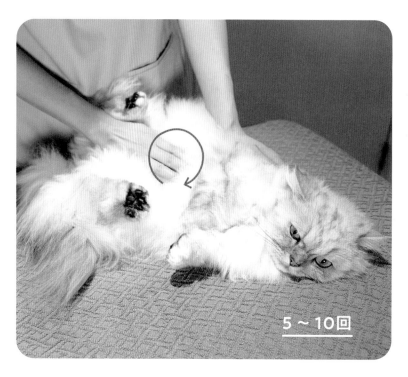

1 手のひら全体をお腹にあて、ゆっくり円を描く。
皮膚を動かして、手のひらでお腹を温めていくイメージで。

5 〜 10回

2 膝下外側のツボ（足三里）を押す。その後、膝下を毛並みに沿って優しくさする。

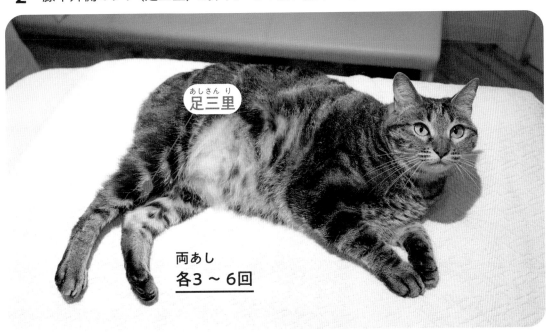

足三里

両あし
各3〜6回

3 骨盤内側を押す。
便秘の場合は少し強めに、下痢の場合は優しめに押す。
骨盤を上下左右真ん中の5部位に分けて3〜6回押していく。

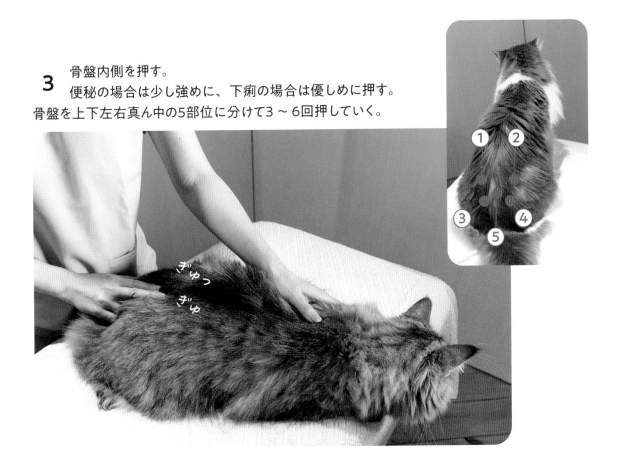

ぎゅっ
ぎゅ

ストレス

掻く、舐める、脱毛、嘔吐、膀胱炎、
マーキング（トイレ以外でおしっこやうんちをする）、夜鳴きなど。

掻く、舐めることへのケア

脇〜肋骨をくるくる撫でる。痒みや痛みが緩和される。

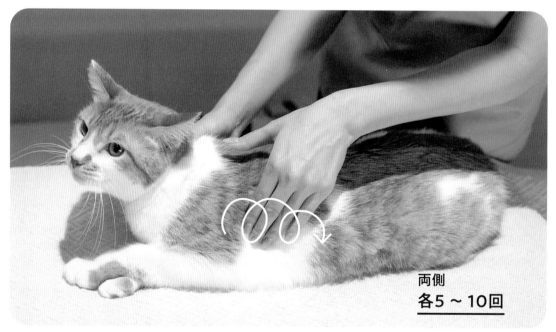

両側
各5〜10回

イライラ、不安のケア

1 手首の手のひら側から大きい肉球へスライドさせる。

2 頭頂部のツボ（百会、四神総）を指の腹を使ってとんとんする。

百会（ひゃくえ）　四神総（ししんそう）

とんとん

10〜20回

肥満

（病気以外）食べる量が多い、運動量が少ない、
代謝が落ちている（年齢等で）、むくんでいるなど。

むくみの解消

後ろあしの外側、膝と足首を結んだ真ん中あたりにあるツボ（豊隆^{ほうりゅう}）を押す。
ピンポイントは難しいので、写真のように膝から踵まで全面を押してもOK。

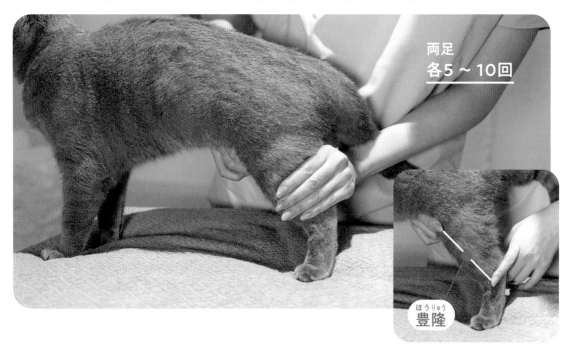

両足
各5 〜 10回

豊隆
（ほうりゅう）

代謝アップ

手の甲側で手首の中央のツボ（陽池）を押す。

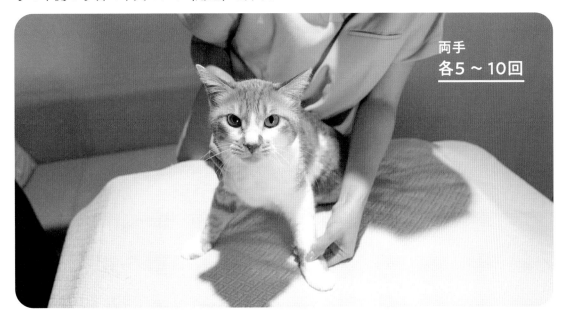

両手
各5 〜 10回

胃腸を整える

肋骨終わりからお腹へ手のひらでさすっていく。
できればお腹の中心あたりまで指をいれて、指先で優しくお腹もマッサージする。

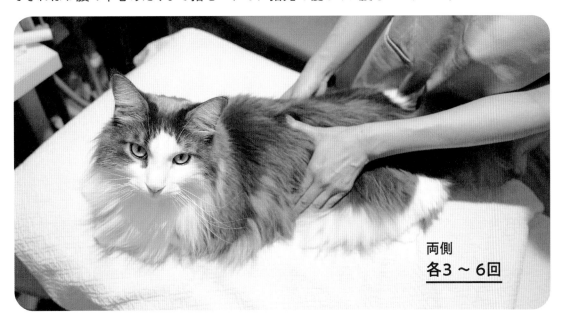

両側
各3 〜 6回

あると便利なマッサージグッズ

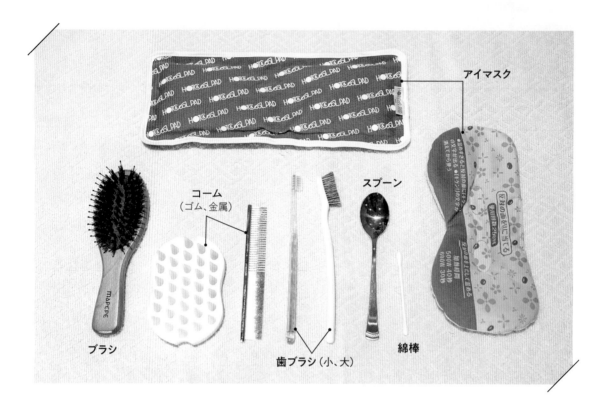

アイマスク

コーム
（ゴム、金属）

スプーン

ブラシ

歯ブラシ（小、大）

綿棒

使い方

共通

1. 猫の見えるところに置いておく。
2. 猫が物があることに慣れたら、鼻先に持っていってにおいを嗅がせる。

アイマスク

電子レンジ等で温めて、耳後ろ、首まわり、お腹、腰（骨盤）などに乗せる。

ぽか ぽか

ZZZ…

スプーン

・耳まわりや目のまわり、肩まわりなどをスプーンの盛り上がっている方でさする。
・毛並みに沿っておこなう。

綿棒

・爪まわりや指の間をさする。
・手など細かい部分のツボ押しに使う。

ブラシ・コーム

・毛の流れに沿って全身をブラッシング。
・肩甲骨まわりや首まわりでは、ギュッと圧をかけて、揺らす。
・腰まわりをトントン叩く。
・ブラシの裏のツルツル部分を使ってもいい。

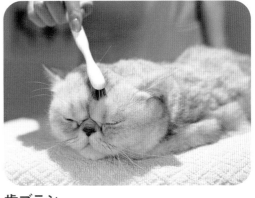

歯ブラシ

・眉間や頭の上を軽くトントン。
・尻尾の付け根から尻尾にかけて、シュッシュとさする。
・あごまわりは小さく円を描くようにさする。

ニノ
ノルウェージャンフォレスト
キャット

楽しんでFLORAの看板猫をしています。いたずらっ子で甘えん坊。みんなに撫でてもらうのが大好き。

ムトウ
サイベリアン

1歳で7kgに！！ 人懐っこく、カフェのテラスでちゅーるを食べるのが好き。

シャル
メインクーン

勤勉にFLORAの看板猫をしています。犬猫達への神対応から飼い主さん達からよく「神」と呼ばれています。時々もらうドッグフードが大好き。

ウニのすけ
スコティッシュ

まんまる真っ黒スコちゃん。寝てしまうと顔がどこにあるかわかりません。

メープル
ミックスメインクーン×
マンチカン

家族の中で1番小さいけれど1番おしゃべり。得意技はマンチ立ち。

ルル
スコティッシュ

お得意のニャーとシャー、スリスリとパンチを巧みに使い分け、飼い主達を制圧。相手によって立場を使い分け、その美貌と頭の良さで家庭における全ての物を制する大物ニャンコとして活躍中。

マフィン
ラガマフィン

優しくて、強い性格。すぐひっくり返って寝て、寝言がとても可愛い子。スケジュールに合わせて起こしてくれます。

ダリア
シャルトリュー

遊ぶのが大好き甘えん坊さん。我が家のお姫様です。キュルンと言いながら甘えてくる可愛い女の子。チャームポイントはしましまシッポ。

にゃんクス！

わっしょい
メインクーン
とっても大人で優しい子。マッサージもゆったり受けてくれてます。

レオ
スコティッシュ
我が家の王子。男の子だけど鳴き方があまえんぼう。か細い声で鳴く。

キララ
ミックス

保護猫だったとは思えない程のおっとりな子。深い琥珀色の瞳がキラキラ輝いていたのが名前の由来。出窓で日向ぼっこしながら外を観察するのが日課です。

クルミ
エキゾチックショートヘア
愛おしい顔をしています。食いしん坊で好奇心旺盛。我が家のアイドル。特技は一人サッカー。

おこめ
ミックス
「よく食べて、よく遊んで、よく寝る」大人だけど仔猫みたいな子です。

ココ
ミヌエット

シャイな性格で、クローゼットの中でかくれんぼするのが大好き。よく行方不明になって困ります。ピアノが大好きで、弾いているといつのまにかピアノの横に寝転がって聞いていて一曲弾き終わるとニャーと鳴きます。

トワ
ノルウェージャンフォレスト
キャット

癒し系美人さん。シャンプーの時は自分からお湯に浸かりにいくほどお風呂好きな子です。

ミミコ
ミヌエット
鳴き声は高い声で、みっちゃん♪ みっちゃん♪

中桐由貴 （Yuki Nakagiri）

獣医師、鍼灸師。アニマルケアサロンFLORA医院長。
麻布大学獣医学部獣医学科卒（放射線学研究室）、お茶
の水はりきゅう専門学校卒。日本ペットマッサージ協会
理事、日本メディカルアロマテラピー 動物臨床獣医部会
理事、ペット薬膳国際協会 理事、刮痧（グアシャ）国際
協会動物施術部会 顧問、アニマルウェルフェア国際協会
理事。

今まで飼った動物：
犬、猫、ハムスター、カメ、ザリガニ、フェレット、トカゲ、
セキセイインコ、熱帯魚など。
愛猫：シャル（写真右）、ニノ（写真左）、メープル

メッセージ：
「病気になってから治療する」という今までの動物病院の
概念にとらわれず、普段の生活上での心や身体のケア、
食生活など様々な面から、動物の健康寿命を延ばしてい
きたいと考えています。
動物たちと人間（飼い主さん）との関係をより良いものに
できるよう、お手伝いできたら嬉しいです。

協力：
アニマルケアサロンFLORA
ウニのすけ、おこめ、キララ、クルミ、ココ、シャル、ダ
リア、トワ、ニノ、マフィン、ミミコ、ムトウ、メープル、
ルル、レオ、わっしょい（五十音順）

ねこほぐし
猫を整えるマッサージ&ストレッチ

2023 年 2 月 15 日　第一刷発行
2024 年 7 月 12 日　第六刷発行

著者　中桐由貴

写真　山上奈々（産業編集センター）
ブックデザイン　清水佳子
編集　福永恵子（産業編集センター）

発 行　株式会社産業編集センター
　　　　〒 112-0011 東京都文京区千石4-39-17
　　　　TEL 03-5395-6133
　　　　FAX 03-5395-5320

印刷・製本　株式会社シナノパブリッシングプレス

©2023 Yuki Nakagiri　Printed in Japan
ISBN978-4-86311-354-1　C0045